Jacques BASCHIERI

Le livre des saisons

Jacques BASCHIERI

Le livre des saisons

poèmes

Éditions Muse

Imprint
Any brand names and product names mentioned in this book are subject to trademark, brand or patent protection and are trademarks or registered trademarks of their respective holders. The use of brand names, product names, common names, trade names, product descriptions etc. even without a particular marking in this work is in no way to be construed to mean that such names may be regarded as unrestricted in respect of trademark and brand protection legislation and could thus be used by anyone.

Cover image: www.ingimage.com

Publisher:
Éditions Muse
is a trademark of
Dodo Books Indian Ocean Ltd., member of the OmniScriptum S.R.L Publishing group
str. A.Russo 15, of. 61, Chisinau-2068, Republic of Moldova Europe
Printed at: see last page
ISBN: 978-620-3-86650-6

LE LIVRE DES SAISONS

POEMES

****

Jacques BASCHIER

Au livre des saisons

Mon livre des saisons débute avec l'automne
Après la vacance aux derniers jours de septembre
Quand Phébus en exil verse lumière atone
Avant pluie d'octobre et vent mauvais de novembre.

A Noël c'est l'hiver qui entame un chapitre
Suite froide de mots soufflés par le noroît
Rime à saison et vers glacés à juste titre
Verbe au présent : il neige, nous gelons, j'ai froid !

Existe t-il encor des printemps authentiques
De ceux que j'ai vécus fleuris de papillons
Avec des fins de mars aux humeurs lunatiques
D'hirondelles volant en de grands tourbillons ?

Des feux de la Saint-Jean aux premières vendanges
Les jours décroissants effacent à l'horizon
La couleur des couchants, peu à peu le ciel change
La fin de l'été clôt mon livre des saisons.

****

Prélude à l'automne

Les jours sont arrivés où la nature hésite
A choisir les couleurs de l'été finissant
Pour habiller l'automne à son avènement
Le dégradé de l'ocre en deux saisons transite

A choisir les couleurs de l'été finissant
La forêt prend son temps mais l'automne s'invite
Le dégradé de l'ocre en deux saisons transite
Sur les feuilles tombées aux premiers coups du vent

La forêt prend son temps mais l'automne s'invite
Déposant sur le sol harmonieusement
Sur les feuilles tombées aux premiers coups du vent
La rouille de saison qui fait œuvre d'artiste

Déposant sur le sol harmonieusement
Des taches de couleurs du bout d'un pinceau triste
La rouille de saison qui fait œuvre d'artiste
Installe alors l'automne inexorablement.

****

Aigre-doux

Au souffle de l'automne
Les feuilles oxydées
Des arbres dénudés
Dans le jardin frissonnent
Vent vilain de septembre
Qui vient frapper la porte
Quand la pluie sans attendre
Lui fait fidèle escorte
Le jour est coloré
Du gris des lourds nuages
Le ciel est déchiré
Par des éclairs d'orage
Les gouttes en rafale
Sur le gravier cliquettent
Et jouent des castagnettes
En frappant sur les dalles

Spectacle en quatre D
Tableau de la nature
Triste en tons dégradés
Encadré sans dorure
Au-delà des carreaux
Tout ruisselants de pluie
Derrière les rideaux
Je ne vois que l'ennui.
J'ai besoin de sourires
Pour éclairer mes jours
L'harmonie d'une lyre
Du soleil, le bonjour.
Sur l'herbe un escargot
Ne montre qu'une corne
Serait-ce une licorne
Qui défie mon ego ?

Souvenirs sépias

Les gémissements du vent aigri
Ont un son qui toujours m'exaspère
Ils emportent le temps lapidaire
Et çà et là, percent le ciel gris

L'heure timide qui a sonné
Là bas, à l'humble petit clocher
Je l'entends encore en ricochet
Perdu, loin des pauvres maisonnées

Je songe aux jours anciens de l'été
Souvenirs lointains qui se rassemblent
Dans des sanglots qui coulent ensemble

Sur mes joues froides et irritées.
J'ai aimé l'automne larmoyant
Au vent séchant mes yeux rougeoyants

****

Couleurs de l'automne

Couleurs jetées
En attente de clarté
Là, pêle-mêle

Giclées rebelles
Formes allongées
Fendues et prolongées

Une gerbe de lierre
Dans une clairière
Baisers en bouquets

Où les lumières
Révèlent par paquets
Des massifs de bruyère.

Comme les vagues de la mer
Qui dispersent dans le jour clair
La violence d'ombres douces

Au milieu des papillons de pierre
Piquetées de lumière
Des herbes rebelles poussent.

Brin de corail, ce flamboiement
Fulgurant d'une aurore rouge
Par je ne sais quel mystère bouge
C'est l'aube d'un accomplissement

Plaisir accordé sans faire l'aumône
Une fontaine, gerbe de splendeurs
Exulte l'invincible langueur
D'une imparable lumière d'automne.

Mélancholia chant de saison

L'automne remplit l'air de souffles caressants
Dans les hauts châtaigniers quelques feuilles frileuses
Restent piteusement accrochées malheureuses
Aux rameaux roux tremblent des bourgeons
pourrissants

Les germes s'endorment au souffle de novembre
Lors, ainsi qu'une mère aux anciennes pudeurs
La terre se voile d'inféconde couleurs
Le teint de la forêt a perdu son vert tendre

Les gazouillements clairs ont quitté leur milieu
L'onde et l'oiseau pleurent la grisaille des cieux
L'ensemble vit pourtant et n'a nulle rancœur

Ne ressent pas l'ennui ni tourment de langueur
L'automne d'une vie n'est pas la fin des choses
Alors pourquoi tristesse et sentiments moroses ?...

...Je ne sais mais aux premiers frissons de l'automne
Muse ne m'inspire que chanson monotone
Elle se joue de moi et sans dissiper l'ombre
Dans ses clartés baigné mon esprit reste sombre

Souvenirs de ma vie aux vœux inécoutés
De mes printemps déçus et de jours avortés
Je songe simplement combien vite on oublie
Les moments de bonheur ou de mélancolie

Tandis qu'à mes côtés tout paraissait finir
Aller vers des hivers et pour longtemps dormir...
...Je me suis réveillé sur la mousse embaumée
Mêlant ma cendre heureuse à la poussière aimée.

Résolutions utopiques

D'abord...
...Laisser les feuilles mortes au fond du jardin
Là où gisent encor des pétales vermeils
Chanter les printemps qui vont revenir demain
Et suivre les chemins qui vont vers le soleil

Partir...
...Pour ne pas revoir des clairs de lune effacés
De nuits sans étoile tombées rapidement
Sur la surface terne des eaux verglacées
Avec les yeux fixés sur un seul firmament

Puis, sans perdre l'ombre d'une réminiscence
Chercher l'espoir d'une fontaine de jouvence
Trouver des oasis découvrir les mystères
Des espaces étoilés, des dunes du désert

Aller...
...Dans le bleu des rêves vécus sans émotion
Là ou plane encor une ombre de vérité
L'implacable force de la sublimation
De l'oiseau qui déploie son aile en liberté

Enfin...
...Oublier la froide élégance du destin
Vêtue de sa douceur et qui laisse sans arme
Puis draper l'horizon des tons bleus du satin
D'aurore nouvelle qui répand tout son charme.

****

Caprices de l'inspiration

Écrasé de soleil, je n'étais plus personne
N'entendant même plus le doux chant des oiseaux
Mes envies se taisaient, j'attendais que l'automne
Rafraîchisse les vents qui courbent les roseaux.

La pluie est arrivée faisant chanter les arbres
Tombant en harmonie sur le sol endormi
Qui avait pris soudain les coloris du marbre
La colère du ciel devenait une amie.

Je fus mal inspiré d'avoir aimé la rouille
Car elle a envahi mon espace d'enfant
L'automne est là, déjà, qui déchire et qui souille
M'ôtant toute l'envie d'écrire en triomphant.

Je veux, vivre à nouveau les splendeurs effacées
Par les révolutions de l'immense univers
Et contempler les plis de ces feuilles froissées
Où l'endroit, bien souvent, s'abandonne à l'envers

Reprendre dès demain les désirs de la veille
Vivre comme un artiste à l'ombre des forêts
Attendre Calliope afin qu'une merveille
Naisse alors d'un poème aux rimes admirées.

****

Équinoxe

Un seul oiseau chante dans l'infini silence
Et sa voix perdure dans cette nuit tranquille
Le vent mutin caresse le temps, en cadence
Léger comme un murmure vibrant et fragile

Il berce mes rêves, comme éternellement
J'entends encor son chant, mélodieux mystère
Destin, serait-ce donc la fin de mes tourments
Ou l'accueil chaleureux des portiers de l'hiver?

La nuit se pare aux mélancolies de l'aurore
Elle efface l'étoile écrite en anaphore
Que la lune éclabousse au gré de son humeur

Le jour va se lever, encore quelques heures
Puis l'oiseau solitaire cessera de chanter
Le soleil brillera mais ce n'est plus l'été.

****

C'était hier

Il y a peu de temps, c'était encore hier!
Les jours d'été heureux éclairaient mes automnes
Désirs incertains, cœur porté en bandoulière
Je conjuguais la vie à toutes les personnes.

Le passé a osé venir sans prévenir
Dans l'hiver radouci aux rimes des printemps
Doucement me parler de ces doux souvenirs
De mes cheveux blanchis par les neiges d'antan

J'étais un vagabond de ciel bleu et d'étoiles
La mémoire blessée par morsures légères
Sur des pluies de lumière et des pièces de voile
J'ai écrit à la craie de petits bouts de vers

J'ai laissé diffuser des phrases éphémères
Dans les vapeurs du miel et les brumes d'hier
Elles flottent encor dans ces anciens éthers
Là où ne fleurissent que de vagues poussières

Longtemps tout seul, emmitouflé dans de la bure
J'ai longuement cherché l'isolement subtil
Un sourire un regard, un battement de cils
Pour écrire des vers tous faits de rimes pures

Alors, pour la beauté d'un regard tourmaline
J'ai embarqué pour déployer l'armée des songes
Je suis allé tremper ma plume en mer de Chine
Et à son encre écrit mes plus jolis mensonges.

****

Musique du couchant

L'oiseau du soir entonne un beau poème en prose
Qui égaye les bois aux frondaisons funestes
Les fleurs qui se perdaient dans un éclat morose
Semblent alors mimer une chanson de geste

Là, sur le noir océan, le bel astre rose
Se pose mollement sur son socle à l'Ouest
Les éphémères joies, l'adonis et la rose
En nuances se noient dans ses vagues célestes

La lyre du couchant enchante la forêt
Portant sa belle voix jusqu'aux claires orées
Son beau chant poétique est un doux intermède

Je me laisse emporter par cet enchantement
Qui adoucit mes maux et calme mes tourments
Sa musique est pour moi le plus puissant remède

****

Instantané

Le couchant s'enflamme, l'espace d'un moment...

Mais quelle est cette chose sacrée
Loin d'une période d'ennui ?
Une grève une gorge nacrée
La pleine lune en seconde nuit

Un livre une larme ou une lèvre
Un moment de jazz, de crépuscule
Un cri de fierté ou de fièvre
Ma mémoire écrite en majuscule?

...L' immense océan cède place au firmament

****

Envie d'océan

J'ai envie d'océan et de grandes marées
Des déferlements fous et du profond mystère
De ses reflets trompeurs qui m'ont accaparé
Envie de l'océan qui vit sous mes paupières

J'ai envie d'océan, dans toute la beauté
Du corail des lagons de la faune marine
De ses mythes secrets, de son immensité
D'algues échevelées ,de la couleur divine

Qui le pare souvent de sa chagrine humeur
J'ai envie d'océan, pour tout ce qu'il abrite
Au-delà d'impressions au-delà des limites

Qui s'étendent plus loin que mes désirs d'ailleurs
J'ai envie d'océan sans voiles qui le cachent
D'un horizon sans fin, d'un ciel bleu et sans tâche.

****

A l'approche d'un l'hiver

Entre grands soleils d'été et les pleines lunes
Des automnes, un contraste fort éprouvant
A réduit l'obscurité en poussière brune
Pour la livrer à tous les absolus du vent

Mais entre tous ces temps il y a des aveux
Des baisers et des caresses illimités
De belles paroles, des regards ajustés
Des âmes chères à qui j'ai dit adieu

Aujourd'hui me reste encore de beaux espoirs
Des envies, le plaisir de vouloir être moi
De voyager, garder les rêves en mémoire
Pour partager des souhaits, projets et émois

Si la vie grandit mon cœur, blanchit mes cheveux
Je garde en moi toujours une grande conscience
L'oubli qui dans mon esprit attise l'impatience
C'est l'hiver à ma porte, j'allume un grand feu.

****

Brouillard

C'est le vilain brouillard vêtu du gris d'hiver
Iconoclaste et omnivore
Qui a gommé le sycomore
Et dévoré le sapin vert

Au dessus de l'étang, il a posé sa chape
Un lourd couvercle de grisaille
Puis étranglé l'épouvantail
En l'entourant de son écharpe

Les routes, chemins et sentiers sont décorés
Par des lambeaux de nappes grises
Témoignant ainsi de l'emprise
De son pouvoir dans la forêt

Le brouillard arrive à pénétrer dans le cœur
Des sentiments, les invalide
Les revêt de froideur humide
Et me met de mauvaise humeur.

****

Cauchemar de neige (terza rima)

Il neige, pas comme sur la carte postale
Du paradis blanc dans le Nord immaculé :
Les flocons tombent comme cendre vieille et sale !

Il neige en tristesse et en larmes emmêlées.
Au cœur le paysage est tout endolori
Crucifié, figé, tous sens écartelés

L'hiver l'enveloppe de son profond mépris.
Il neige ! fragments épars de fulgurances
Dans un ciel qui n'inspire aucune rêverie

Il neige une saison peuplée de somnolence
Des cristaux libérés d'un jour décomposé
Au gré de souvenirs, d'une réminiscence

Il neige un cauchemar d'arabesque brisée.

****

Jachère

Conjuguer le futur du savoir
Et bien trop souvent avoir rêvé
L'incapacité à ne pas croire
Qui laisse goût de l'inachevé

Et le doute, en cette immensité
Où tout réel semble si lointain.
La recherche de la vérité
Sortant d'un puits futur, incertain

Me tourmente, souffle du désir
Quand tout ne fait que recommencer
Simplement pour me faire plaisir
D'exprimer le fond de ma pensée

Mais confluant avec l'horizon
La voie de l'insondable univers
Inexorable cours des saisons
Ne me propose que de l'hiver

Ce qui m'est loin et ce qui m'est près
Ce qui m'éloigne et ce qui m'attire
C'est d'avoir peur, avant et après
De la tristesse autant que du rire.

Pantoum d'hiver

Sans savoir s'il sera clément ou rigoureux
Précoce ou tardif mais dès que décembre sonne
De coups de vent en coup de froid il a beau jeu
De blanchir les matins de neige monotone

Précoce ou tardif mais dès que décembre sonne
Aux abords de Noël l'hiver à pour mission
De blanchir les matins de neige monotone
Avec un grand souci d'uniformisation

Aux abords de Noël l'hiver a pour mission
De mettre dans les cœurs du bonheur éphémère
Avec un grand souci d'uniformisation
Il poudre les sapins de sa blanche poussière

De mettre dans les cœurs du bonheur éphémère
L'hiver aime bien ça, il est un peu sadique
Il poudre les sapins de sa blanche poussière
Et noircit mes pensées de rêveur extatique.

****

Un moment en décembre

C'est l'instant ou le temps s'arrête dans le monde
Pour laisser place à l'unique célébration
Qui réunit malgré elle, sans modération
Les cœurs et les esprits bien plus d'une seconde

C'est un sentiment, une soudaine attitude
Qui nous change de nous et de nos habitudes
Angélique effet qui sans demander d'avis
Transcende et sublime, nous invite à la vie

Lire dans des yeux d'enfants le rappel secret
Que nous aussi, heureux, nous sommes faits surprendre
Par l'enchantement doux de ce moment discret
Inondés par le bonheur et les regards tendres

Pris par la folle envie d'existER sur la terre
D'être, ne pas paraître et de nous laisser prendre
Une nouvelle fois un moment en décembre
En flagrant délit d'humain adulte, éphémère.

****

Assez de l'hiver

J'en ai assez de cet hiver
Qui givre mes arcs en ciel
Il surgèle mes vers
Et solidifie mon fiel

Dans la sorbetière encrier
Par intérim d'amertume
Je trempe mon porte-plume
Avec envie de crier

Mais ai-je ou n'ai-je
Pas d'idée ? Il neige
Gelé, pris dans ces rets
Sur l'absence, l'intérêt
J'appelle à mon secours
Les couleurs pour mes rimes
Elles descendent des cimes
En après-ski chaussées
Patinent, jouent des tours
J'ai peur de dévisser

J'attends sans patience
l'annonce « fin de verglas »
Que pour l'hiver sonne le glas
Fin des gerçures, des carences
J'ai hâte que cesse le manège
Des crevasses de toute nature
De cette putain de neige
Au carrousel des engelures.

Attente du printemps

Pluie ! des feuilles mortes sur sa tunique verte
Le gazon espère le retour du soleil
Les oiseaux ont quitté les hauts bouquets vermeils
Et s'en sont retournés dans leurs ouches désertes.

La rose se penche, constate avec effroi
Qu'elle a perdu l'éclat de ses tons d'aquarelle
Elle qui était fière autant que l'hirondelle
L'amante du printemps qui y faisait sa loi

Et le ruisseau paisible en son cours bénévole
Trace ses méandres sous l'azur incertain
Paysage aux yeux clos dans le frêle jardin
S'ouvrant timidement à cette aube frivole

Le coquelicot n'a pas sorti son veston
Pour embraser le champ de son rouge éclatant
Bougainvilliers, tulipes, bouquets de printemps
N'enivrent de leurs parfums la verte saison

L'hiver est toujours là, sa pâle chevelure
En cascades de fleurs piteusement figée
Il semble redouter un printemps trop forgé
l'horizon reste gris le vilain temps perdure.

****

Au croisement des saisons

Allant au vouloir du vent, le sable colporte
Messager de silence, les échos du temps
Il croise, qui entraîne toute son escorte
L'hiver pour son exil en tenue de printemps

Roses qui grelottaient cachées dans leurs chiffons
Se déshabilleront dévoileront leurs charmes
Pétales enchanteurs aux coloris profonds
Feront fondre demain la neige à chaudes larmes

Lors tous les oiseaux caresseront les ramilles
Chanteront passionnés cet amour de saison
Qui fera naître alors, la nombreuse famille
Fruit de jeunes amours et tendres floraisons

La vie reprendra droits sur le triste silence
L'hiver enfin vaincu fuira avec le vent
Mais jurera pourtant que le froid de ses lances
Perdra encor combats mais pas guerre du temps.

****

rêve de printemps

La couleur de la pluie
Accompagne aujourd'hui
D'un merveilleux bleu gris
L'hiver froid qui s'enfuit

Le réveil déboussole
La nuit je perds ma voie
La lumière s'étiole
Au jour, je suis sans voix

Balises et faisceaux
Le jour la nuit se noient
Décalé, mon cerveau
Veille et dort à la fois.

Orient, soleil d'or
Buée, clair horizon
Vient le vent de l'aurore
Qui souffle la saison

J'ai rêvé qu'aujourd'hui
Le printemps déposait
Des bourgeons sur les buis
Sur les fleurs sa rosée.

****

Pollution précoce en attente de printemps tardifs

Alors que le printemps en habit de pétales
Pleine et belle saison colorée de lumières
Aux tendres feuilles vertes et aux fleurs vestales
Retient toujours ses vents qui soufflent sans frontière

Les marées, vagues blanches ou noires des mers
Glaciales du Cap Nord ou mers du Sud en flammes
Déferlent en de lourds somptueux amalgames
Les incongrus vomis de sombres containers

Qui déversent sans cesse et sans compter vraiment
Sur le beau sable blond de somptueuses plages
Sacs, rebuts plastiques et mazout brut hors d'âge

Et puis tous les déchets et tous leurs excréments
Libérant par milliers des notes synthétiques
En échange d'échos assidus, pathétiques.

****

Primavera

Le merle est venu se poser sur la rosée
Il souhaite en sifflant bienvenue au printemps
Les bourgeons vont offrir leurs pétales au vent
La feuille reverdit au jardin dégrisé

Le ciel semble semer des pétales vert-bleus
Qui tombent doucement sur le sol assoupi
Puis vient le battement des rameaux alanguis
Par la voix de la lune et ses chants langoureux

Alors s'épanouissent, étoiles fleuries
Subtiles pâquerettes habillées de bleu
Jonquilles vêtues d'un jaune si gracieux
Que les roses s'inclinent de parme flétries

Là, sur l'herbe verte, fleurissent marguerites
Leur cou de dentelle déployé follement
Farandole jolie , ritournelle de blanc
Florale symphonie en belles fleurs écrite

Le temps a bien changé, Ô ! Douce guérison
Apporte tes bienfaits dans les jardins fleuris
La rocaille des chants a cessé tous ses cris
Parterres de jasmins parfumez la saison !

****

Souvenir d'un éveil au printemps

Le soleil revenu inonde
Les jardins fleuris à la ronde.
Les blancs goélands virevoltent
Ignorant saisons et années
Ils glissent l'aile désinvolte
Au vent de Méditerranée.

Ô! Comme cette mer est belle
Avec son bleu inégalé.
Le chant des vagues me rappelle
Ce printemps au parfum subtil
Du mimosa qui s'exhalait
D'un beau bouquet jaune et fragile
Que j'avais fait pour mon aimée.

****

On dit que les poètes
Façonnent nos idées folles
Fruits de nos âmes en liberté
Imprévisibles telles des vagues
Qui s'entremêlent et qui s'enlacent
Dans les fouillis perpétuels

****

Tentation au tantra

J'ai voyagé loin
Dans les nuits et au grand jour

Les temps étaient bons
Dans l'éclat du soleil
Des rêves flottaient

Dans les parfums d'algues
Cristaux de corail

Sur le rivage
Secret de coquillage
Se cache

Une perle de nacre
Blottie dans le sable

Brume tropicale
Bâillonnée de percale
Dans la soie

J'ai voyagé loin
La nuit, le jour

Course mémoire
Sans réponse
Mais sans peine

Le souvenir s'est figé
Bras ouverts

Au vent de mai souvenir en Agadir

Agadir, mois de mai, aux caprices du vent
Sur l'azur incertain glissaient de gris nuages
Qui s'enfuyaient honteux mais prenaient tout leur temps
A longueur de matin d'assombrir le rivage

Sur l'océan naissaient quelques rameaux de brume
Qui nappaient doucement tous les plans d'horizon
Le flux et le reflux en vague d'amertume
Sur la plage laissaient rejets de cargaison

Agadir, mois de mai, effluves de levant
Flottaient des relents de port, odeurs de poisson
Parfums de souks et, de l'orient, un soupçon

Comme un voile, un regard aux caprices du vent.
La mer s'est retirée le sable était miroir
Dans lequel reflétait le visage du soir.

****

Toile au couchant

Le ciel a composé un tableau de lumières
Ô! Combien je voudrais, avec mes mots traduire
Ce que fera l'artiste au fond de ses paupières
Pour retenir l'instant qui va se déconstruire
Quand le soleil couchant emporte ses repères.

****

Morbihan

Ce pays que le soleil et le vent parrainent
Des jaunes genets aux rochers roses et blancs
L'océan, sanglots longs, pleure au bal des sirènes
Tourbillonne en couleur aux caprices du temps

Sculpte fibre après fibre formes incertaines
Macramés d'écumes sur un corps innocent
Langoureusement nu que des algues enchaînent
Aux galets, la grève semble rayée de sang.

Caressé par l'embrun quand ciel et mer reviennent
De leur exil d'hiver aux lueurs du printemps
L'azur vire à l'âcre, lors il montre ses dents
Agresse le rocher, mord la plage qui saigne

L'astérie bleue sauvée d'un désastre récent
Baise les écailles déposées sur la traîne
Formée grain après grain de sable rougissant
La nature a signé toute une mise en scène.

****

Renaître

Pour l'accomplissement du temps présent, renaître
Dans un monde plus réel, moins cosmopolite
Au détour d'une route de folie, d'un maître
Coup de vent ou d'une tempête, sans limite

Pour aimer, pour une passion qui m'a surpris
Par sa transparence prudemment définie
Sertie dans une vie sans haine ni mépris
Sous une pluie d'étoiles immobiles, réunies

Pour la félicité d'une vie loin des houles
Dans la paix, les rires, la joie qui se dégage
Au soleil avec l'énergie qui en découle
Et les pensées délivrées des tourments de l'âge

Pour fleurir un printemps autour des sentiments
Et l'aboutissement d'une vie sans tristesse
Rebâtir l'existence sans rabaissement
Encore plus fort, sans paresse ni faiblesse.

****

On dit que les poètes
Aiment passionnément la lune
Dame brune qui de lassitude
Les abandonne à son attraction
Les plonge dans de profonds abysses
Où naissent les révolutions océanes.

Paysage de pleine lune

Lune souveraine, les gigantesques arbres
Frémissent au souffle lumineux des étoiles
Toi, majestueuse, tu émerges du marbre
De la nuit en déployant un halo de voiles

Puis arrive l'heure où les visages sommeillent
Et semblent naviguer sur des mers oniriques
Toi, Astre, tu surgis du firmament pareille
Aux écueils d'océans cruels et chimériques

Belle lune irréelle, offerte tu te lèves
De ta splendeur nocturne et là dans l'atmosphère
Épanouis pâleurs d'un éphémère rêve
Envahissant l'espace et d'or couvrant la mer

Dans l'écrin de ciel, ton cercle d'or irradie
Ainsi qu'un projecteur de poursuite la plaine
Il omet d'éclairer les rangs du paradis
Laissés dans un obscur paysage de peine

Parfois dans le décor une chouette effraie
Vient jouer à la Strige avec son cri strident
Mais quand le jour se lève et que tout est fin prêt
Tu laisses le soleil jouer son rôle ardent.

****

En de lointaines nuits

En de lointaines nuits, je crois avoir régné
Sur un pays bercé par d'étranges musiques
Et par un éternel clair d'étoiles baigné
Mon esprit a vogué au fil d'un rêve unique

Tandis qu'à la façon d'un navire un nuage
Unique balançait au bleu du firmament
Le bleu profond des flots vers l'étranger rivage
Semblait se rendormir et glisser lentement

Je me disais alors qu'elle embaume la nuit
D'angoisse tendre et de langoureuse espérance
Qu'elle est musique, et en même temps le silence
Que son sourire éclaire aussi les jours enfuis

Mes pensées sont couleur de lumières lointaines
En un jardin sonore au soupir des fontaines
Elles courent toujours les folles prétentaines
Mes pensées sont couleur de lunes d'or lointaines.

****

Complicités

Soudain le soir descend
Et la plage frissonne
Dans les palmes le vent
Murmure doucement
Sa chanson monotone.

La lune polissonne
Sans retenue aucune
S'en va chercher fortune
Au sein du firmament
Où elle s'abandonne
Aux plaisirs du tropique
Sur le lit du couchant.

Dans ses draps écumants
L'océan Pacifique
S'allonge mollement
Pour cet instant magique

Quand la mer et la nuit
Complices de la lune
Achèvent deux en une
Ce qui fut aujourd'hui.

****

Chanson de lune

Une lune lisse ses cheveux
Dans le lac où elle se reflète
Au rythme oublié d'une amourette
Elle mêle tons harmonieux

« Aussi lointain qu'est le cœur de ceux
Aux temps aimés quand j'étais poète
Loin de l'instant fuyant, paresseux
Où que tu sois, jamais ne regrette
Les moments où nous chantions tous deux
Nos rires, nos peines et nos fêtes ».

La lune se lève en silence et s'enfuit
Comme une ombre qu'elle même aurait plantée
En rejoignant sa fidèle amie la nuit
Pour un nouveau séjour dans l 'éternité.

****

Carnaval, braquage de la lune

L'élu d'un paradis aux portes sans serrures
Avec clef de papier chiffré, filigrané
Devenu prédateur portant fausse tonsure,
Braque le carnaval, passez donc la monnaie!

Acteur protagoniste à pompe automatique
De la faune sauvage aux déserts de béton
Du sambodrome gravide au reg organique
Du gris de ses pensées où se fond l'horizon

Il chevauche une lune a la croupe accueillante
Songeur épanoui, pêche en ces eaux le rêve
Car malgré sa prestance et sa vue clairvoyante
Il attend de la nuit que Carnaval s'achève.

L'obscurité profonde a masqué son visage
D'un foulard virginal aux sursauts vaporeux
Il cède aux étoiles le funeste passage
D'un défilé de chars à motifs sulfureux

Caché par la brume, jalousé par ses sœurs
L'astre va-t-en-guerre par sa beauté s'impose
Pour souverainement trôner reine des fleurs
Dans l'espoir d'être élue la vénus de sa prose.

****

Odelette à la lune

Divine lune ta rumeur
Voudra t-elle bercer mon cœur
Qui se lamente ?

Verse à mon rêve ta lueur
Ainsi qu'à la nocturne fleur
L'arbre et la plante.

Le pin léger, noir et vibrant
Garde encor ton étrange chant
Sous son écorce

Harmonieux sombre et mouvant
Il livre ton murmure au vent
Qui vient de Corse.

Je garderai au fond des yeux
Ta verte rumeur si tu veux
Toi qui pour plages

As le ciel rose ou ténébreux
Comme les grèves sont les cieux
Des coquillages.

****

Au caprice du vent

De l'écume des flots caressant le rivage
Au drap d'or qu'un soleil déploie sur l'océan
Regard perdu, pensées fixées vers le levant
Mes souvenirs s'imprègnent d'autres paysages

Les larmes sur mes joues prennent un goût amer
Le sel sur mes lèvres dissipe en poudre fine
La chaleur des étés, le tourment de mon spleen
Et de rides les flots semblent creuser la mer

Quand l'azur m'autorise à oublier l'instant
Bien loin à l'horizon où se perd l'infini
Au caprice du vent s'emportent mes soucis
Les affres du passé, la dureté des temps

Et lorsque point le jour, son rayon aveuglant
Me force à m'en aller pour encor revenir
L'aurore prend son temps. Sais-je si l'avenir
Voudra braver encore un soleil si brillant ?

****

Retours d'impressions

Assis sur le rocher où je venais souvent
Pour voir passer le temps et l'eau de la rivière
Dans les petits matins, ou tard l'après midi
Parfois jusqu'à la nuit, cette amie familière
Je ne pensais à rien grisé par le doux vent
Par la harpe de l'eau, du chant de la cascade
Lointain, regard perdu dans un bleu inédit
Ou bien par la pâleur d'une lune blafarde.

Seul, sur mon promontoire rocailleux
Qui s'étend presque jusqu'au milieu
De l'eau courante en effervescence
Pris dans un futur, dans une renaissance
Une fougue, une impression d'être mieux
Je louais le destin. J'étais en convalescence...

****

...Là, plusieurs de mes rêves me sont revenus
Et sur certains d'entre eux je me suis attardé
Mais j'ai bien peur ce soir de m'y être perdu
Je les avais vécus sans même regarder.

Je m'imbibe de riens mon esprit dégringole
Actif, passif je déforme mes créations
Je m'éparpille, parfois même me désole
Comme dans ce jour sans grande inspiration

La nuit solidaire vient calmer mes délires
Et, comme après chacun de mes nombreux retours
J'attends de ma muse le délicieux sourire
Qui éclaire l'écran dans la beauté du jour.

Vers impairs rimes décalées et couleurs passées

Des couleurs de feu et d'or
Parent un horizon lisse
Et minutieusement
Rejettent sur l'océan
De beaux reflets argentés.
Dans la neuve obscurité
La brume en douce s'immisce
Et voile sans complaisance
Avec du vide et du silence
La lune dans le décor.

Les rouges lueurs du soir
Étincellent dans mes yeux
Je prends conscience de n'être
Qu'une illusion dans le noir
Qu'un impair du haut des cieux
Flou, déteint et sans lumière
Avec l'envie de renaître
Dans le souffle du ponant
Qui murmure sur la terre
Je deviens esprit flottant

****

Jours sans

Rêveur, penseur, aimant au gré de mes errances
A écouter le vent emporter mes tourments
J'avance sur le fil de ma folle existence
De mythes ivres en chimériques serments

J'erre et je progresse sur les chemins glissants
De mon imaginaire en phases délirantes
Je pense et je repense à des mots inconstants
A des seins opulents à des envies galantes

Pour vous, femmes, dentelles, formes affolantes
J'écris vers et danse sur leurs mots indécents
Je remplis mon esprit de pensées excitantes
D'adages, proverbes qui flattent tous les sens

Je divague en vague sur des rêves cramés
Penché sur le feuillet, plume dans le ruisseau
Je cherche une gloire que j'aurais tant aimée
Avant que d'entonner de médiocres morceaux.

****

Aurore-Ode à l'éveil

Disque d'or fin et de lumières rayonnant
Dans le ciel qui encor d'un bleu de nuit se pare
Dispense des éclats qui poudrent l'océan
Et d'une gloire enluminée nimbent le phare

Le soleil allume le feu de ses rayons
Inonde notre azur de sa douce chaleur
Légère, une brume surligne l'horizon
Amortit les contours estompe les couleurs

Par les volets mi clos un rayon se hasarde
Et, sur le mur pâle de ma chambre, lézarde
Un gai soleil qui vient brûler par sa présence
Des restes de nuit, des rêves d'adolescence

Je m'éveille : j'aime ce moment fantastique
Quand la nuit qui s'en va et que l'astre renaît
Pare le ciel d'or et de couleurs magnifiques
En accueillant le jour comme instant d'hyménée.

****

Spleen -fantaisie d'été

Aujourd'hui c'est l'été
Il ressemble à l'automne
Car le soleil atone
Sert un jour sans clarté
Sous le pin parasol
La lumière s'étiole

Le temps met un bémol
Aux belles floraisons
Le rythme des saisons
Ne tient plus sa parole
Le vieux calendrier
A l'instinct meurtrier

Faut-il qu'un amour fol
Donne un élan nouvel
Pour que l'été soit bel
Et que le tournesol
Tête penchée au sol
N'en perde la boussole ?

****

Canicule
(Ce n'était qu'un cauchemar)

Mon luth, seul contre le feu
Cherche des rimes en eau
A ma soif inextinguible
Je suis out dans le fourneau
D'un chaud juillet indicible
Au mercure venimeux.

Je vais comme un somnambule
Beaucoup de pensées m'obsèdent
Je cherche la chambre froide
Parcourant le vestibule
Désespérant de l'été
En attente de l'hiver
Je rêve de boire un thé
Vert, brûlant dans le désert.

Me réveillant en sueur
Un coup d'œil à la pendule
Elle m'affiche huit heures...
... J'ai très soif! De l'eau sans bulles !

****

Pluie de juin (rondel)

Il pleut en cette fin de juin
Des gouttelettes monocordes
Les beaux jours déjà se sabordent
Quand fin d'été semble encor loin

Je me désole dans mon coin
Sur les dalles tombent des cordes
Il pleut en cette fin de Juin
Des gouttelettes monocordes

Mon esprit ne se complaît point
Quand la saison se désaccorde
Du jour qui passe et noue sa corde
Au cou du temps avec grand soin
Il pleut en cette fin de Juin

****

On dit que les poètes
Savent faire éclater le rire des enfants
Avec des nombreux battements d'ailes
Bleues comme ces oiseaux-mouches
Solitaires hors de portée du temps.

****

J'ai besoin de la mer

Regardant l'horizon
Où s'achève la mer
D'un désir d'abandon
Vient l'envie de repères
Quand j'écoute la mer
Ne reste que me taire
L' instant subsidiaire
Du bonheur éphémère
D'entendre la chanson
Du flot bleu cadencé
Qui calme mes frissons.
Et berce mes pensées

Je perçois les chimères
De son scintillement
Où mon regard se perd
D'éclats de diamants
Je lui confie mon âme
Lui dédie mon esprit
L'inspiration, la flamme
Mes élans incompris
Besoin de son audience
Me savoir entendu
Avec la bienveillance
De sa vaste étendue

Regards sur la mer

La mer encor si bleue et les rochers si bruns
L'écho du chant des vagues par la brise porté
Dans le parfum des pins, la vapeur des embruns
Préludent le coucher d'un grand soleil d'été

Étendue, immense en ses draps bleus
Elle expose ses mille facettes
D'azur minéral au gris des cieux
Des alizés au souffle des tempêtes

Dans cet azur parfait où glisse un goéland
Sur la crête des flots où danse un bateau blanc
Sur le sable doré une barque échouée
Ajoute à l'aquarelle un pastel enjoué

Camaïeu de bleus les jours de fête
Quand sur les flots dansent les bateaux
Au gris tourmenté du grand manteau
Quand le chagrin du ciel s'y reflète.

Puis les reflets changeants auréolés de brume
Lorsque des restes d'ombre se projettent dedans
Semblent sacrifier l'instant qui se consume
Voici la mer hantée par Neptune au trident.

****

Aux rêves, d'espérance marqués

Du calme gré du monde
Au destin dans le temps
Mon âme vagabonde
Avec rage d'autan

Du brasier des déserts
Aux neiges bleues des pôles
Couchants lus à l'envers
Par dessus les épaules

Je me suis transmué
Dans la chair de l'absence
En rêves remués
D'inlassables semences

Souvenir aux levants
D'un frêle esquif qui roule
Musique de la houle
Charriée par le vent

Les orages des jours
M'exhument en vainqueur
Un bel été en fleurs
Annonce son retour

****

Au Crépuscule

D'odorantes langueurs de la colline tombent
Là haut dans le ciel serein volent des oiseaux
L'intime instant fait parler d'amour les colombes
Volubiles aux grands pins qui bordent les eaux

Apaisé, je déchiffre alors dans les coulées
D'or pur du soleil couchant, les codes secrets
Du livre des saisons mots à mots exhalés
Par la rose des vents, je vis et me recrée.

Quand à l'Ouest le jour a quitté son écharpe
Je rêve d'être étendu, serein et délassé
Pleinement libéré des contraintes du jour

Sur un bateau blanc de fortune avec ma harpe
De poète et seul parmi la mer bleue, laissé
Au caprice des flots mes amis de toujours.

****

Images d'une plage...

le jour couchant musarde avec désinvolture
Dans l'espace et l'instant en totale harmonie
Océan et soleil jouent une symphonie
A l'horizon le ciel se pare de dorures

Les vagues qui cassent font résonner la terre
Étoiles de mer, méduses violacées
Voilées, fleurs, pétales déhanchés, crustacés
Fredonnent sur l'onde et dansent avec la mer

Les flots ont déposé des fleurs sur le rivage
Et couvrent d'écume l'émail d'un coquillage
La plage en son entier s'irise d'aquarelle

Les algues folles étalent leur chevelure
Et la brume qui tombe ajoute à leur coiffure
Sa mantille ouvragée comme de la dentelle.

****

Prélude à une fin d'été

Cigale chante encore un dernier désespoir
Le bourdon affamé demeure imperturbable
Instants de vie intense qui, sans le vouloir
Annoncent que viendra l'automne inexorable

Quand guêpe ne va plus sur la mûre asséchée
Que «belle» ne veut plus regard de sa psyché
Et que rose se fane aux vents mauvais des temps
Été reviendras-tu après prochain printemps ?

La saison tant aimée déjà semble à sa fin
Sagesse a ses folies de rêves et ses faims
Des envies de rayons conjugués au présent
D'abeilles butinant avec acharnement

D'orages intérieurs où sentiments plafonnent
De tempêtes semées pour récolter raison
Et ne cueillir en décalage des saisons
Qu'un simple été sans agrément et monotone

****

Fin d'été

Je pardonne la déraison

Du sablier au temps qui coule

Et fait saison après saison

A ma raison perdre la boule.

Tandis que sur le sol s'entassent

Feuilles jaunies en camaïeu

L'azur pur laisse peu à peu

La grisaille prendre sa place.

Tourments de ciel d'Île de France

Où conduits par un mauvais vent

Les nuages s'en vont crevant

Vers l'automne en désespérance.

Le temps qui passe tend sa longe

Comme l'ont fait les hirondelles

Les jours s'enfuient à tire d'ailes

Déjà mes nuits autant s'allongent.

Arbres

J'ai lointains souvenirs des cyprès de Toscane
Au calme cimetière où dorment mes parents
De chauds après-midi à l'ombre des platanes
D'une avenue bordée de tilleuls odorants

Les deux prénoms gravés sur le tronc du gros chêne
Dans le cœur transpercé du trait de Cupidon
Rappellent le doux temps des folles prétentaines
Courues pour la fleur bleue qui coiffe le chardon

Je garde en mémoire le parfum des collines
Les aiguilles de pin glissantes sous mes pas
Et l'olivier, l'ombre grise au jour qui décline

Ce passé nostalgique revient dans mon rêve
Il m'attend sous le charme où je ne viendrai pas
La mémoire renaît, las ! ma saison s'achève.

****

Au souffle des souvenirs

Là, sur le chemin où s'est levé
Le tout premier des matins du monde
Répandant son âme vagabonde
Dans l'univers d'un jour j'ai rêvé

J'imaginais comprendre et sonder
Dans l'espace de ma connaissance
Et dans les nimbes de l'innocence
Mon reste de mémoire émondée

Mais le grand vent barbare maudit
Qui attise illusions inféconds
A fait chanter aux sorcières blondes
Douces, sensuelles mélodies

J'avançais, sans connaître la route
De falaises en torrents, rivages
Beaucoup de superbes paysages
Demeurent dans mes regards mes doutes

La nuit bleue de son halo qui fronde
Voile et met un point final au songe
Floue, c'est une image qui s'allonge
Et qui se perd, à côté du monde.

****

Je reviendrai parler de l'été

Un jour je reviendrai vous parler de l'été
Avec des mots cueillis au verger des étoiles
Sans entrave, ni chaînes sur des pneus montées
Loin des mondes urbains parfumés au gas-oil

Avec des mots cueillis au verger des étoiles
Je vous dirai le vent qui caresse les palmes
Loin des mondes urbains parfumés au gas-oil
Là, où chaque matin se mire dans l'eau calme

Je vous dirai le vent qui caresse les palmes
L'écume de la mer qui s'offre au doux rivage
Là où chaque matin se mire dans l'eau calme
Quand tout l'or du levant lui rend vibrant hommage

L'écume de la mer qui s'offre au doux rivage
Dans un acte d'amour d'une intense beauté
Quand tout l'or du levant lui rend vibrant hommage
Ces mots, je les dirai quand reviendra l'été.

****

Souvenirs de saisons

Déjà le vent mauvais a fait danser les feuilles
Les a écartées loin de tous mes pas perdus
À rechercher encor dans de vieux recueils
La page de saison et l'été attendu

Dans une vieille bure passée et percée
Je tente d'échapper à tous les noirs regards
Là où les illusions ne savent plus bercer
Dans ce monde fou qui m'entoure de hasards

Rien ne semble pouvoir égayer mes réveils
Aujourd'hui, le ciel paré d'amère clarté
Me retire un peu plus chaque jour du soleil
Le temps passe . J'ai peur de cette vérité.

Parfois une fleur bleue semble vouloir éclore
Impatient et craintif j'y pose alors ma main
Toute entière elle s'ouvre et m'offre son trésor
De souvenirs fanés parfumés au jasmin.

****

Confidences

Sur des sentes dorées dans le parfum des fleurs
J'ai marché à grand pas tout au long de ma vie
Collines, montagnes j'ai tour à tour gravies
Pour savourer l'instant, admirer les splendeurs

Quand la chanson du vent apaisait mon humeur
Que les vagues berçaient des songes infinis
Les étoiles la nuit me tenaient compagnie
Et j'ai cru bien souvent rencontrer le bonheur

A tort et à travers quand voyageait mon cœur
Quelque part, ou ailleurs, j'écrivais mots d'amour
Mais les pages passaient de livres en détours
Maintenant je suis là écrivant mots d'humeur

Ô ! Belle inspiration, aujourd'hui il vient l'heure
De t'accueillir, Reine et t'accepter pour toujours
Ce soir je serai Roi et cela jusqu'au jour
Où serein j'écrirai ma vie toute en couleur.

****

Je vagabonde en liberté

Des îles où naissent les couchants
Où les aurores sont aussi belles
Que les promesses du firmament
Aux paysages où tous les rêves
Brodent sur le sable d'or des grèves
Des étoiles et des arcs en ciel...

...Des étals de l'Italie aux plages
De Rio, mes mots ont pris couleurs
Dans le souvenir de mes voyages
Et sur le ventre blanc de la page
J'ai dessiné d'un doigt le bonheur
D'une escale dans un beau mouillage.

****

Flux et reflux, un soir un matin
Des heures tissent des lendemains
Que d'autres heures effacent comme
Si l'océan n'était qu'une gomme

Qui vague à vague dilue l'écrit
Je me délecte dans chaque ligne
Des figues sucrées de Barbarie
Des suaves parfums de la Chine

Loin, bien loin sur d'autres longueurs d'ondes
Quand ma plume voyage en caresse
Je sais entendre les autres mondes

Au delà des songes, des éthers
L'écho des musiques qui transpercent
Les îles, les monts et les déserts.

Pensées nomades

Voyageur, je mets mon âme en vagabondage
Dans le grand désert où je marche maintenant
Traînant sur tous les sables, craintif, sauvage
Quittant dès lors l'exil des souvenirs, du temps

Je voudrais tant réduire et apaiser mes peurs
Qui serpentent sur les dunes comme un mirage
Calmer tous mes tourments, réparer mes erreurs
J'aimerais simplement avoir plus de courage

Pour vaincre à coups de main de plume ou coups de vent
Et atteindre enfin, mais où sont les lacs d'antan ?
L'oasis aux sources fraîches, d'accueil paisible

Où l'air est vraiment doux et l'extase possible
Où les gorgées d'amour enfin pur que je bois
Domptent tous les démons qui retiennent mes joies.

****

Moments, recherche subliminale

N'être qu'un seul moment dans l'histoire du vent
Aquilon ou Zéphyr le cœur d'un alizé
Que j'espère toujours que je cherche souvent
Dans les sables mouvants où je sais m'enliser

Au-delà de ces fleurs aux aiguillons blessants
Subsistent le parfum et la couleur des roses
Que n'ai-je tant aimé ces passions de passant
Autant de temps fané autant de fleurs écloses

De bonheurs consumés aux contraintes réelles
Un si peu, des riens, mais qui coulent d'une source
Que toi ma Muse, toi qui te prétends modèle
Ne trouves même plus au hasard de ta course.

De la musique dans le piano qui s'endort
Coule en lente fusion doucement dans mon cœur
Emplit mes horizons mes mains de chercheur d'or
Songe sublime où ne reste que la douceur...

...Mais m'en aller je dois et d'écrire cesser
Qu'aurais-je su de plus que déjà je ne sais ?
Tant effeuillé d'heures que m'en suis endormi

Jusqu'à ce jour, sans avoir vu le temps passer
Car j'ai longtemps cherché aux rêves qui naissaient
Dans les brumes du soir, les yeux de mes amis.

****

Constats avec des mots volés

Heureux il vibre d'une action synchronisée
Le silence apaise son être satisfait
Dans sa solitude complète et déphasée
L'irréel se prolonge en ce temps imparfait

Il paraît calme et heureux devant l'admirable
Comme s'il était âme et rêve des vivants
Plume dirigée, élan de mots honorables
Il est seul dans l'épreuve et dans l'ombre du vent

Songe de chair sur des caresses veloutées
Sa pensée délivrée des envies d'existence
La nuit pose à l'esprit une joie méritée
Par bienfaits d'un mutisme loin des pénitences

Yeux fatigués de voir, il rend ses attributs
De lassitude et de musique somnolente
Sur lit de délivrance pour un corps fourbu
Son rêve emporte encor son âme délirante

Dans le courant serein qui bientôt va s'étendre
Auprès de vers suranés aux rimes insensées
Ce texte ardu qu'il cherche toujours à comprendre
Est l' oeuvre sincère d'un poète avancé

La vie est un règne pour peu qu'on le désire
Et son trône est d'un bois que l'on sait éternel
Comment dire autrement qu'il ne peut pas vieillir
Dos tourné aux beautés dans tout leur naturel ?

****

Humanum est

Ce n'est qu'une silhouette
Perdue parmi tant de gens
Un chiffre ou une étiquette
Le numéro d'un contingent

Il marche sur un fil sombre
Mais ce n'est plus un humain
Juste l'esquisse d'une ombre
Sans futur, sans lendemain

Qui se nourrit de la norme
Des règles et des valeurs
De ces préceptes informes
Sans arôme ni couleurs

D'un plein d'envies d'évasion
Intégralement dissoutes
Et du solde d'illusions
De jours pris par trop de doutes

Lors, sans raison d'espérer
En un avenir qui chante
Il essaie de libérer
Sa vacuité consciente.

****

Temps, impair et passe

C'est un papillon de jour
Qui posé sur la portée
D'une mélodie d'amour
Change en un soleil d'été
La lueur de l'abat-jour

C'est comme une dernière heure
Qui tictaque chaque jour
Face au temps qui fuit sans peur
Qui coule sans une larme
Et coupe les ponts sans arme

Mais la vie sait arrêter
Le ressort à remonter
De mon horloge éphémère
Qui avance chaque hiver
L'instant de passer la bure

Ma route n'est plus très sure
Pourtant je ne pleure plus
Et puis je ne cherche pas
Ce sont regrets en reflux
Qui dérèglent mon compas.

****

On dit que les poètes
Ont des plumes fragiles
Comme celles des oiseaux-lyres
Elles sont couleur de tendresse
Et même au-delà des silences
Quand leurs regards dérivent
Jusqu'au bord des larmes.

****

Parfums

Légère la brise vespérale
Douce avec ses doigts de soie m'effleure
Et comme un effluve qui se meurt
S'enfuit dans l'espace sidéral.

Le sable chaud chuchote à mon ombre
Nulle lumière sous mon armure
Et nu mon corps mue suite aux brûlures
Que le soleil m'inflige sans nombre

Des mots dans un spectre d'écriture
Entre un rêve et vécu de lecture
Reviennent en ma longue mémoire

Lourd parfum laissé en signature
Dans un secret sillon d'échancrure
Où librement vibrent mes espoirs.

****

Nocturne indien

Le silence est profond et la ferveur propice
Rêveur en ses strophes, le poète imagine
La femme intime, musicienne inspiratrice
Pour qui il compose cette ode sonatine

Ne sachant pas le nom que sa pensée esquisse
Il trace en psalmodie et ce jusqu'à pléthore
De purs quatrains écrits, déniant le factice
Espérant de la nuit l'éloge en anaphore

Le clair de lune sur un vieux tableau ravive
L'image sublime qu'un cadre antique honore
Quand par la fenêtre s'en vient la nuit furtive
Paysage que nul autre objet ne décore

Comme d'autres mots lus sur parchemin sanskrit
En lointaine harmonie d'un vieil air de mandore
Il murmure un prénom que la rime décrit
Comme beauté Sélène en sari de tussore

La fenêtre est ouverte à la nuit subreptice
La plume du poète une stance élabore
C'est une ode à sa muse, occulte inspiratrice
Qui charme le silence en attendant l'aurore.

****

Poète sur le fil du temps

Il suit lentement sur un fil bimillénaire
Au prix, très souvent, d'équilibres impossibles
les journées rétrécies et le temps lapidaire
Qui s'envolent, en lassitudes impassibles

Perles de souvenirs d'un passé diadème
Quand les rires jouaient sur la crête sensible
D'un amour évident comme le théorème,
Gouttes du temps passé, au fil des jours paisibles

Il n'attend qu'une aurore éclairant ses volets
Pour basculer sur le doux versant chaleureux
Où les fruits ont parfum des étés envolés
Où la rosée s'emplit de rayons lumineux.

Et ce temps basculant comme un cheval de bois
Il suit tout simplement ce fil bimillénaire
Tout en cahin-caha, sans demander pourquoi
Un peu vers l'avenir souvent vers cet hier

****

Douce Amère

Nostalgie, saudade douce amère
Les souvenirs immaculés des moments d'une vie,dans le manteau de la nuit jeté sur ma mémoire, deviennent ces étoiles qui fendent l'obscurité dans laquelle ils sont conservés.

Nostalgie, saudade douce amère
Je marche, éternel solitaire sur la cendre de réminiscences brûlées par mes soins,comme des fusains J'ai écrit mes rêves sur des feuilles jaunies par le temps. Comme des bougies éclairées dans le lointain les mots se sont inscrits dans un cahier couleur d'espoir.

Nostalgie, saudade douce amère
Le dédale parcouru par le chétif ruisseau, la lumière qui embrasse toute une clairière, les cris sonores des oiseaux de la mer qui font jaillir mes émotions en de vastes "Iguaçu", larmes,rires mille fois déployés dans un jardin de bonheur.

Nostalgie, saudade douce amère
Au Brésil brûle un feu de joie et autour des indiens chantent. Amazone nostalgie, les chants saluent les étoiles éparpillées. Amazona saudade des arbres immenses, Brésil, pays tant aimé auquel souvent je pense.

Nostalgie,saudade douce amère
Des doigts sur une guitare, des années que j'entends pleurer la cuica sous un ciel éther qui déverse sa lymphe.

J'ai foulé tant de fois ces rebords exigus au mépris des arêtes qui en mes pieds s'incrustaient mais j'ai évité l'appel de vents insidieux aux chaos fleurissants et n'ai jamais rejoint la sirène en l'abysse.

Nostalgie, saudade douce amère
Gostoso veneno, doux poison.
Les nuits du néant ne savent plus bercer mes peurs qui s'enivrent aux reflets verts d'une caïpirinha.

****

On dit que les poètes
Savent bercer les larmes
Issues des songes en multitudes
Comme tout autant qu'il y a d'étoiles.
Et les yeux levés vers les cieux
Ils nous interrogent sur ce mystère.

****

Parfums et couleurs de jeunesse

Cette odeur appétissante de la cuisine
Que ma mère préparait sur un feu de bois
L'étrange et subtil parfum d'une mandarine
Ces petits riens du tout qui m'emplissaient de joie

Furent partenaires de mes jeunes silences
Le jaune le vert camaïeux de rouge et bleu
Primaires couleurs de ma tendre insouciance
Levées dans les matins,au fil des jours heureux.

Comme alcools doux ou forts légers ou capiteux
Saisons fades ou sucrées, salées ou amères
Sont passées sans un bruit comme tendres aveux
Des printemps capricieux aux languissants hivers

J'ai bu à la source des mots, rimes et runes
La rosée aux calices des fleurs de la terre
Qui se penchaient sous les lueurs de la lune
Prés de ma maison dans l'ombre ou dans la lumière.

****

Mea culpa

J'ai semé bien des mots tout au long de ma vie
Des phrases en vers, des tessons d'une existence
Ont-ils blessé les yeux de ceux qui ont suivi
Les traces de mes pas sur mes pages d'errance?

J'ai aussi dit tout haut ce que j'aurai du taire
De mes envies, du temps, des peines et des joies
A qui voulait m'entendre au risque de déplaire
J'ai dit des vérités, menti nombreuses fois

Je ne l'ai jamais fait avec désir de nuire
Si mes mots ont blessé je peux dire pourquoi
Ma plume ne joue pas de la brosse à reluire

Soit! J'ai semé des vers sur des pages d'errance
Et tiré quelques flèches triées de mon carquois
Sur des cibles choisies, sans grande complaisance !

Mémoire au couchant

Le couchant s'enflamme, l'espace d'un moment
L' immense océan cède place au firmament
La mer qui défend son innocence illusoire
Laisse quelques vagues effacer la mémoire
Quelques éclats de voix, une cloche qui sonne
Puis se donne à tous vents lorsque son flot frissonne
Des reflets sur le sable gardent l'atmosphère
D'un jeune enfant qui court pour retrouver sa mère

Quatrains libres en face à face

Aux heures des jours en fuite, son soleil tombe
Ses sentiments plafonnent quand souffle tempête
Sagesse lui permet des folies d'outre-tombe
Et récolte saisons qui passent dans sa tête

Le brouillard s'est levé sur des tons déparés
Créant des univers faits de rimes oiseuses
Fierté dérangée d'envies connues, libérées
Bulle inadaptée flottant sur mer radieuse

C'est une mince pellicule transparente
Une idée surannée conduite à l'espoir pur
Une pierre d'amour dans un cœur en attente
C'est un rêve d'hier mais de nature sure.

Se trouvant face à face avec l'inspiration
Sens affûté, subtilité au bon moment
L'orage intérieur gronde est-ce la création
Ou l'éveil caché autour d'un rêve dément ?

Loin de ce monde cruel qu'il n'ose affronter
Le calme grandit son être et remplit son corps
Sous le couvert des mots où il sait s'abriter
Vient le silence qui inspire un réconfort

****

Ode à une aurore

La nuit par l'aube naufragée
Dans un rituel inchangé
Au soleil va rendre son âme
Les larmes des nuages blancs
Ne peuvent éteindre les flammes
Qui brûlent les horizons plans

Aux portes de la nuit et du jour
Dans une expression de douceur
Les cieux s'embrasent toujours
De mille explosions de couleurs

La rosée bleue métamorphose
Les pleurs d'une lune éphémère
Sur les pétales d'une rose
Comme une perle de la mer

Vient alors le seigneur du temps
Vêtu d'une aube rayonnante
Le son de la lyre du vent
Répand ses notes triomphantes

****

Ballade pour les poètes

Ils m'accompagnent et s'envolent dans l'azur
Partagent mes regrets colorent mes murmures
Je crois qu'ils sont vrais, ils me ressemblent un peu.
Ils ont un son perceptible et mélodieux
Prennent leur souffle en poésie, source en haleine
Certains les ignorent les connaissent à peine

La science les maudit et les caricature
Ils brûlent les baisers, caressent et torturent
Le ventre des femmes, leurs repères douillets
Ils chantent berceuses, confient aux oreillers
Et parfois dans le vent, on entend leurs silences
Dans le fracas des villes, leurs cris d'impuissance.

Ils guident dans l'erreur, me laissent dans le vrai
Qu'ils soient partie de moi ou d'ardoise la craie
Ils gravissent montagnes, aiment les oiseaux
Libres, hors des cages , ils n'aiment pas les zoos
Dorment sur la lune et s'isolent au soleil
Offrent mille contes en une nuit d'éveil

Amis sur qui je pose un regard envieux
Vous fermerez mes yeux à la fin de ma veille
Enfin, je crois, car vous me ressemblez un peu.

****

Souvenir de randonnée désert et dunes du Drâa

Mes rêves d'évasion soufflés par l'Harmattan
On changé mes envies mais pas mon objectif
Les oueds sont asséchés où sont les lacs d'antan ?
La piste est aveuglante, lourd est mon passif

J'ai marché longuement ne suçant que cailloux
Pour économiser une eau tiédie, vitale
Et souvent, fatigué, suis tombé à genoux
Rêvant d'une oasis pour garder le moral

Dans le silence épais propice au chant des dunes
Autour d'un feu de camp j'ai attendu des nuits
En buvant du thé vert, en contemplant la lune
Qui chassait mes cafards les scorpions de l'ennui

Enfin, j'ai navigué jusques au bout des sables
Et de regs en dayas au pas des caravanes
J'ai laissé loin derrière un sillage ineffable
Une trace éphémère fragile et profane.

****

Le funambule amoureux

A quoi peut penser le funambule
Alors qu'il chemine sur son câble
Là-haut en équilibre improbable
A petits pas comme un somnambule ?

Croit-il être un héros, un Hercule
Ou bien Christ sur le Corcovado
Qui balancier devant déambule
Quand l'assistance a froid dans le dos ?

Progressant bien au dessus du vide
Il s'avance dans le crépuscule
Rêverait-il d'être la Sylphide
Dansant sur un fil, le funambule ?

Lui qui n'a peur que du ridicule
Seul sous la lune a quoi songe-t-il
A cette idylle tendre et fragile
Qu'il vit sur son fil, le funambule ?

****

Le vieux voyageur

On dit de lui qu'il est un oiseau migrateur
Une espèce de romanichel, un bohème
Poète et conteur d'escales, navigateur
Sur océans de lune et briseur d'anathèmes.

Il a voyagé sans redouter la morsure
Des hivers, des étés, dans les divagations
Sans mélancolie ,même avec désinvolture
Il a vécu longtemps d'intenses émotions.

Il a passé du temps à faire ses bagages
Car jamais n'a cessé d'aller vagabonder
Combien de fois a-t-il dit "je pars en voyage"
Avec comme un besoin de s'en persuader

Ses souvenirs s'entremêlent entre sagesse
Acquise à traverser de nombreuses saisons
Et la rage nomade des jeunes promesses.
Aujourd'hui son regard n'étreint que l'horizon

****

Sous le feu des scialytiques

L'air pur semble vibrer dans le rythme fragile
De ma respiration, des battements du cœur
Je me sens apaisé, mon esprit est tranquille
Il navigue sur un océan de douceur

Un sommeil bienheureux m'envahit des délices
D'un son de silence qui berce sans effort
Je ne sais même pas vers où mon âme glisse
Mais je sais que je vais lentement vers ce port

Où pensées éthérées en couleur vagabondent
Esclaves libérées du joug de mes humeurs.
Mes yeux se sont fermés, je ne vois plus le monde

Je n'ai pas de regrets ni remords des erreurs.
Délicate, une brume qui tombe et m'inonde
Efface les contours d'une illusion de peur .

****

L'âge est soleil, l'âge est orage
Avec le temps il fait sa vie
Fait ses moissons et ses carnages
Souvent fait peur, parfois envie

L'âge n'est qu'un nouveau visage
Cœur au printemps ou en hiver
Dans le grand livre des images
De mémoire, toujours ouvert

L'âge est savoir que l'on partage
En cherchant parfois du secours
Avec regrets, pas davantage
L'envie de faire demi-tour

L'âge est un livre qui s'engage
Ouvert là-bas sur l'autre rive
Pour pouvoir rester à la page
Loin de ces fins alternatives

L'âge est doute qui se propage
Amour qui se métamorphose
Amertume qui nous saccage
Juste avant une apothéose

L'âge, mémoire en sarcophage
D'un matin rempli de brouillard
Se mutine avant l'abordage
Et dissipe nos cauchemars

L'âge, au fond ce n'est qu'une page
Pleine de mots de joies et peines
Qui tournoie dans le vent du large
Aux souvenirs que l'on égrène.

Impressions de plages

Je suis otage du temps et la mer m'emporte
Dans ses vagues, comme un bonheur que l'on déporte
Comme si mon esprit avait pris pour escorte
Des sirènes blessées aux larmes d'amours mortes.

Le soleil éclaire, là haut sur la colline
La cabane délabrée, vestige d'un temps
Au charme suranné, une image d'antan
Une œuvre d'art, du vrai, qui soudain se dessine !

La vague refroidit le sable de la plage
Découvre un galet gris comme posé sur l'or
La falaise en à-pic met du vert au décor
J'avance les pieds nus je ne sais à quel âge.

D'un voilier blanc au mouillage les haubans grincent
Au dessus de la mer passent des oies sauvages
Est-ce le renouveau ou un simple présage ?
Après les orages quand les jours étincellent

Je vais, comme ce crabe à l'étrange démarche
Recouvert par l'écume et de ma seule pince
J'attrape mon fantasme et de travers je marche
Vers tous ces beaux trésors que les plages recèlent.

****

Humeur

Une fleur de cactus
En guise d'exutoire
Un poème de plus
Sorte d'hymne à l'espoir
Pour changer le focus
Du fond de ma mémoire
Pour ne pas décevoir
Je l'écris sans astuce
En notes dérisoires
Pas besoin d'encensoir
Ni de Stradivarius
Je quitte l' isoloir
En virant les virus
D'un coup de refouloir
Pour tenter le bonus
Mais ici c'est motus
Car personne au parloir
Où est mon auditoire ?

Je sens comme un hiatus
Perds volonté de croire
Encore à mon tonus
Lors, comment émouvoir
Et où trouver l'astuce
Pour rompre ce blocus ?
Je me sens soudain choir
Dans un lent processus
Préparez vos mouchoirs
Car pas de consensus
De mes vœux illusoires
C'est le dernier opus
Fin du réquisitoire !

Brûlez le papyrus
Arrêtez le pressoir
Au bord de l'infarctus
Videz tous vos tiroirs
Éteignez vos rictus
Pourquoi fait-il si noir ?
Suis-je dans un mouroir
Ou juste au terminus ?

****

Crépuscule, rendez-vous 5/75

Miroir de la mer
Où le soleil se regarde
Chaque jour mourir

*****

Du trait de sa plume
Un oiseau lyre dessine
La voûte étoilée

*****

Le poète chante
La beauté du firmament
A la fin du jour

****

Une île dans un été

Monts, plages, plaines en transparence de robe
Images de nature et reflets dans les cieux
En totale harmonie quand la nuit se vêt d'aube
Quand les nuages blancs jouent le rôle de Dieux

Fille de Neptune, belle comme une vierge
De la brume rosée et de la mer turquoise
De rocs rouges allumés d'ocre tu émerges
L'île de mes étés sous le soleil pavoise

Au hasard d'un vieux chemin, surpris au tournant
Parfum de romarin dans le vent dominant
Qui flatte la narine avant que mon regard

Ne s'asseye un instant sur un beau banc de sable
Ce petit bout de plage a ce charme indéniable
Que l'aurore révèle avec beaucoup d'égards.

****

Caprice

Indisposé par les menaces
Et outrances de toutes sortes
Qui chaque jour frappent ma porte
Sans jamais faire volte-face

Je vais attendre un doux réveil
En saison sur lit de genêts
Un plein de croissants de soleil
Café d'amanha, déjeuner

Prendre mes claques et mes clics
Aux bons soins aéronautiques
Quitter France dans le grésil

L'hiver long et tout son mépris
La tristesse en nuages gris
Envie d'un soleil pour exil.

****

Chanson des vagues

Les vagues vont et viennent
Amoureuses et caressantes
Les vagues vont et viennent
Mystérieuses et attirantes

Elles défient les rochers
Pour s'échouer en écumes
Coquettes pour aguicher
D'embruns elles se parfument

Elles brillent comme vermeil
Savent aussi charmer la lune
Qui se lève derrière la dune
En la parant de mille soleils

Face au miroir des étoiles
De reflets d'or rose et de corail
Elles s'habillent et parées de voiles
Posent sur le sable un vitrail

De bout en bout de l'horizon
Déversent perles et diamants
Là où dansent des poissons d'argent
Les vagues viennent les vagues vont

Puis elles déferlent en colère
Quand l'océan se met en rage
Et attirent au fond des mers
Les vaisseaux qui ont fait naufrage

Dans le néant du grand silence
Elles gardent les épaves pourries
Mais n'écoutent jamais leurs cris
Elles s'en moquent, elles dansent

Les vagues vont et viennent
Lascivement elles caressent
Les galets sur le rivage, les laissent
Elles s'en vont et puis reviennent

S'unir sur le tempo de la lune
S'abandonner à la grève et caresser
Avec douceur les chevelures enlacées
Décoiffées, des laminaires brunes

Les vagues sont hors de portée
Loin du rivage bordé de sable blanc
Le ciel étoilé rejoint la plage désertée
Son sillage laisse de beaux reflets d'argent

Semblable à une écharpe de plumes
La mer tout doucement se retire
Comme une danseuse qui s'étire
Auréolée d'une blanche écume.

****

Fuite de saison

Des mots bleus sur un quai de gare
Route rouillée chemin de l'exil
De la grisaille dans mon regard
Ce temps éteint tous mes Brésil
Il me conduit dans un malaise
Où j'en oublie mes arcs en ciel
Il ouvre grand la parenthèse
Écroue mon verbe mon essentiel

Mes parallèles fuient vers une baie
Reine de tous mes équateurs
Là où nul ne pourra dérober
Mon soleil, mon temps, les couleurs
Du ciel, mes mots, ces mots papillons
Tous écrits au pastel mais libres.
Fous le camp cafard de saison
Morte, rends-moi mon équilibre !

Je n'ai plus rien à dire, du moins
Pour le moment. Je m'en vais rêver
Et de moi prendre un très grand soin
Au plaisir de vous retrouver

****

Mélodie du rêve inachevé

L'océan dans le soir oscille
Entre le nuage et la lune
Les reflets du soir sur la dune
Animent des ombres dociles

L'océan ce soir dans la brume
Qui est tombée comme une fleur
Dans un arôme et des senteurs
S'est caché sous sa robe d'écume

Et je songe alors au beau corps
A cette image qui s'exhume
Bleue nue sous sa robe d'écume
D'océan qui pour moi s'endort

Ce plaisir qui naît dans mon rêve
Signal d'un lointain paradis
Ce sont des mots à peine dits
De tendres instants qui s'achèvent...

...Desquels me reste le souvenir
D'un songe qui ne veut pas finir.

****

Résolutions

Sans crainte des orages
En chantant tous les jours
Dans un nid de nuages
J'irai couver l'amour

J'irai sur le chemin
Des mille et un printemps
En tenant par la main
Tous mes rêves d'enfant

J'y ferai mille tours
Pour glaner sur sa voie
Des vers de troubadour
Aux fragrances de joie

Dunes, vagues légères
Rêves et sortilèges
Envoûtent l'atmosphère
Mon esprit est à lège

Le parfum de l'envie
Embaume mon décor
Où s'est passé ma vie
Je partirai encor

Vers d'autres paysages
En suivant le sillage
Pour reprendre courage
Ou y faire naufrage.

****

Le sac du marin

Par un matin maussade en promenant ma plume
Dans le hasard des mots, sans grande inspiration
J'ai entendu le chant des sirènes de brume
Me sont alors venus les mots d'une chanson

Dans mon sac de marin il y a des escales
Des souvenirs de bars de ports et de rivages
Du sable de Rio, un mouchoir de percale
Recelant en ses plis l'éclat d'un coquillage

Dans mon sac de marin il y a des musiques
Glanées en patrouillant dans les bistrots des ports
Des airs de matelots, longs courriers nostalgiques
De poésies qui vont plus loin que l'estrambord

Dans mon sac de marin il y a des mouillages
Des îles, des lagons, du corail de l'écume
Et tout l'or des soleils que le couchant allume
Dans mon sac de marin il y a des voyages.

Je les revis souvent quand en des jours maussades
Ma plume pour un tour s'en va en promenade
Dans mon sac de marin je retrouve mes mots
Mes images, mes sons, mes camées mes émaux.

****

Bonheurs éphémères

Chaque bonheur est éphémère
Comme un moment de liberté
C'est un nuage de poussière
Un voyage au cœur de l'été

C'est un instant d'éternité
De vent de sable, de désert
Ou un souvenir rapporté
D'une escale, d'une croisière

C'est le parfum de la colline
Une voile dans le couchant
C'est une palme qui s'incline
Au souffle caressant du vent

C'est le regard de ses amis
Au fil des jours et des dimanches
C'est une belle page blanche
En bleu remplie pour une amie.

C'est rêver un jour de printemps
Dans un jardin imaginaire
Une fleur à la boutonnière
Accrochée à ses dix huit ans

Chaque bonheur est éphémère
Mais sans cesse réanimé
Par les baisers de l'être aimé
Ou le sourire d'une mère.

****

Dessin fantaisie (projet)

Consensuels
Contours d'elle

Havres où ivre
De vie je plonge

Dans le doux songe
De son beau livre

Ouvert à la page
Où le pêcheur de lune

Aime dans la dune
Sa bergère d'images

A dessein
Je vais dessiner

Avec les mots
De mes émois

Enluminés
D'or et d'émaux

Ses beaux seins
De mes mains

Du bout des doigts...
...Dès demain

****

Le Train

Désirs passionnés égarés dans un dédale
De joie en avance, de tristesse en retard
Et de soleils cachés par des nuages sales
Tout au long d'une vie guidée par le hasard

Pensées souriantes dans de grands champs de fleurs
Qui pleurent dans le noir de longs tunnels sans fin
Aigri par des soucis, de mots venus d'ailleurs
L'esprit s'exhorte loin d'un désespoir non feint

On va vers l'inconnu d'un futur tout tracé
On ne peut ralentir, il n'y a pas de frein
Car tous ces espoirs fous aux beaux jours caressés
Ne sont que les souhaits formulés dans un train

Qui part toujours vite quand il faut se quitter
Et l'on reste accrochés à des regards mouillés
Mais va trop lentement quand on doit se hâter
De revoir un visage avant de l'oublier

Ce train a des arrêts où l'on devrait descendre
Pour changer de trajet et aller quelque part
Chercher une rencontre ou pour aller se pendre
Au cou de son ego en salle des départs

****

Éveil

Une plage paisible en sa demeure molle
Déployait son bel arc sous l'azur incertain
Le rivage aux yeux clos et les frêles jardins
S'ouvraient timidement à cette aube frivole

Du ciel semblaient poindre des pétales vert-bleus
Qui doucement tombaient sur le sable immobile
Les flots interprétaient un pas de deux tranquille
En harmonie de lune au tempo langoureux

L'océan revêt alors sa robe vermeille
Aux tons d'une fraîcheur que le matin réveille
Il étire son flanc au lointain horizon

Dans son immensité il frémit doucement
Des vagues s'envolent des embruns que le vent
Emporte librement vers une autre saison.

****

Fol inventaire

Toile de Van Gogh que l'on aurait jamais vue
Dans l'atelier des rimes, aux pinceaux épilés
Une fugue de Bach, qui n'était pas prévue
Sur un tas de partitions en vrac empilées.

Un sonnet ivre avec des mots signé Verlaine
Une caïpirinha que l'on boit pour rêver
Feuille vierge noircie par quelques vers sans gêne
Écrits au point du jour à l'encre délavée

Une phrase gravée sur du sable à minuit
Sous la pleine lune peinte de fol espoir
Mots poignardés par un amour qui s'est enfui
Des mains liées pour taire un accord de guitare

Rythme assoiffé au souffle chaud d'une bourrasque
Vibrant sous un charme duquel on ne sait rien
Samba, belle femme qui jouit sous les frasques
D'un poète qui dit ne vouloir que son bien.

****

Nostalgie, en passant par chez moi

Lorsque j'ai tout laissé un jour dans la grisaille
Pour aller embarquer sur un grand bateau blanc
Et partir loin de tout sans craindre représailles
J'ignorais que plus rien ne serait comme avant

Que jamais plus le « Clos Anna » de mon enfance
Où acacias, platanes, troènes, fusains
Qui ombrageaient l'été les jeux de mes vacances
Ne serait ce refuge où j'ai grandi serein

Que le «bois du chinois» où nous allions cacher
Les émois maladroits des premières caresses
A l'ombre des grands pins derrière les rochers
Aux promoteurs laissé deviendrait forteresse

Que les chantiers navals orgueil de notre ville
Fermeraient un beau jour laissant sur le carreau
Des milliers d'ouvriers dans la force tranquille
Qui avaient là, construit de bien jolis bateaux.

Je retourne parfois dans les rues de La Seyne
Où plus rien ne ressemble à ce que j'ai connu
Je refoule un sanglot et le cœur plein de peine
Chemine anonyme le long de l'avenue

Qui mène au cimetière où dorment mes parents
Je me recueille un temps et repars apaisé
Ici rien n'a changé tout y est comme avant
Figé dans le silence et de repos grisé.

****

Regrets mêlant relents mélancoliques

Enfants de ces jours sans lendemain et sans veille
Nous tous, petits humains ne portant plus de nom
Ophidiens léthargiques que plus rien n'éveille
Lycanthropes et vampires assassins sans renom

Où est passé le temps où l'on trouvait des hommes
Ailleurs que dans les pièces sombres des musées
Vidés de leurs espoirs ou passés à la gomme
Cadavres ambulants, regards désabusés

Tristes légions de zombies radio-guidés
Horodateurs vivants qui ne portent pas plainte
Souris de labo perdues dans un labyrinthe
De carcasses vautrées dans la télé d'idées

"Ulysse de zappette" ici notre odyssée
S'enlise au souvenir des jours du blanc et noir
Même le temps perdu semble nous laisser choir
Le sable est expulsé de sabliers percés

M'est-il besoin pour épancher nos tristes pleurs
De textes expurgés d'une poésie claire
Ô! certes, voir dans l'ennui, défiler les heures
Je m'en moque et ne vais sûrement pas me taire.

****

Aux rêves, d'espérance marqués

Du calme gré du monde
Au destin dans le temps
Mon âme vagabonde
Avec rage d'autan

Du brasier des déserts
Aux neiges bleues des pôles
Couchants lus à l'envers
Par dessus les épaules

Je me suis transmué
Dans la chair de l'absence
En rêves remués
D'inlassables semences

Souvenir aux levants
D'un frêle esquif qui roule
Musique de la houle
Charriée par le vent

Les orages des jours
M'exhument en vainqueur
Un bel été en fleurs
Annonce son retour

****

Mots vides

Oh ! comme j'aimerais revivre les bonheurs
Des bons moments passés dans ma vie vagabonde
Les décrire en des mots de toutes les couleurs
Assorties aux valeurs d'une pensée profonde

Me sentir en l'instant entouré pour le dire
Faire face aux temps qui effacent la cadence
Échapper à l'ennui qui pousse à tout maudire
Et surtout accepter, me rendre à l'évidence

J'aimerais partager mon envie d'écriture
L'accorder sur le la de la mélancolie
Que j'appelle saudade avec désinvolture
Sans me préoccuper de savoir qui la lit

Je ferais avec un reliquat d'innocence
Le bel inventaire de tous mes souvenirs
Enfin, ceux qui me restent, en réminiscence
Chassés de mon passé pour mieux me revenir

Comme les beaux oiseaux qui chantent dans leur cage
Des mots du cœur que l'humain ne sait plus aimer
Ces phrases que ma plume trace sur la page
Quand dès lors mes pensées ne sont plus enfermées

Ce poème dont la réalité détonne
Parle à ma mémoire en vers mêlés, bêtement
Il n'y a pas d'accord, le phrasé déraisonne
Vides, les mots manquent de sens, cruellement.

On dit que les poètes

On dit que les poètes
Soufflent sur la mémoire
Avant de s'envoler vers la lumière.
Qu'ils inventent des histoires
Et les racontent en contre-jour.

On dit que les poètes
Façonnent nos idées folles
Fruits de nos âmes en liberté
Imprévisibles telles des vagues
Qui s'entremêlent et qui s'enlacent
Dans les fouillis perpétuels

On dit que les poètes
Aiment passionnément la lune
Dame brune qui de lassitude
Les abandonne à son attraction
Les plonge dans de profonds abysses
Où naissent les révolutions océanes.

On dit que les poètes
Ont des plumes fragiles
Comme celles des oiseaux-lyres
Elles sont couleur de tendresse
Et même au-delà des silences
Quand leurs regards dérivent
Jusqu'au bord des larmes.

On dit que les poètes
Savent faire éclater le rire des enfants
Avec des nombreux battements d'ailes
Bleues comme ces oiseaux-mouches
Solitaires hors de portée du temps.

On dit que les poètes
Savent bercer les larmes
Issues des songes en multitudes
Comme tout autant qu'il y a d'étoiles.
Et les yeux levés vers les cieux
Ils nous interrogent sur ce mystère.

****

Ma poésie

Poésie, Royaume pour celui qui désire
Le trône fait d'un bois qui nous semble éternel
Et qui ne demande qu'une rime à plaisir
Pour voir des chers lecteurs, la joie dans les prunelles

Absurde conquête d'ange aux rimes déchues
Requête étrange faite à un Dieu oublié
J'appelle à mon secours les ailes qui ont chu
Attendant le répons de langues déliées

Las! Je ne sais qu'en dire et ne veux pas entendre
Je remplis d'hypothèses mes arrière-pensées
Tableau alternatif qui bientôt va se pendre
Au clou du mur porteur d'un rêve repassé

Je veux être un peu l'âme et le rêve des gens
Sans donner à l'épreuve un cliché éphémère
Et même si je suis quelque peu exigeant
Les rimes que je cherche ont l'humeur passagère

Inspire moi

Un désert semble avoir ensablé mon cerveau
Et moi je fais le deuil de mon inspiration
Vile sorcière qui depuis son caveau
Dégueule sa rancœur devant mon inaction

C'est vrai, il y a plein de vides sur mes pages
Tant, que les feuilles blanches brillent de mots tristes
Mornes métaphores et bien pales images
De la poésie bien maussade et passéiste

Ô! Calliope donnes-moi, toi ma déesse,
Tout simplement un petit bout de ta magie
Pour que je puisse une fois faire la prouesse
D'aligner quelques vers, d'écrire une élégie.

Ô! Accorde-moi seulement le peu de mots
Ceux que je te réclame humblement, quatre rimes
Qui j'en suis certain sauront soigner tous mes maux
Tuer la vacuité profonde qui m'opprime.

Ô! Muse inspiratrice, octroie à ma plume
Le bonheur renouvelé de poser des lettres
Des mots pour la faire sortir de cette brume
Des rimes qui la feront revivre et renaître.

J'aimerai que sur la feuille mon encre coule
Comme une samba au rythme de pieds qui dansent,
Page après page que les lignes se déroulent
En exaltant mon lyrisme et mon insolence.

****

Des mots pour étayer un rêve

Quand l'éclair déchire la moire immaculée
Sous l' écran liquide d'un théâtre stellaire
Aux abysses de l'eau me sentant acculé
Prés de la maison dans l'ombre ou dans la lumière

J'écoute la chanson des feuilles qui s'éveillent
Regarde le soleil qui dore la clairière
Et comme une victoire, la douce rivière
Déroule lentement son calme flot vermeil

Quand se pose sur moi la rosée du matin
Avec un goût de miel, d'effusion de printemps
Je vais sur des chemins où me parlent les vents
Ivre de liberté dans les parfums du thym

Je bois à la source des rimes et des runes
La rosée aux calices des fleurs de la terre
Qui se sont penchées sous les lueurs de la lune
Dans le miroir des nuits à la valse solaire

Qui y a-t-il de plus beau qu'un ciel qui se dore
Inspirant merveilles et clartés langoureuses ?
Cette aurore qui naît, comme femme amoureuse
Apaise mes pensées et adoucit mon sort.

Je retiens le moment dans le creux de ma main
L'instant éphémère que je veux éternel
J'aimerai l'intégrer dans mon rêve demain
Pour jamais ne revoir tant de nuits infidèles.

****

Pas perdus dans la nuit

Là, dans le jour qui s'enfuit, une ombre s'avance
Mystère subtil ou fantasme refoulé ?
Nul ne peut la stopper dans sa course zélée
Car nuit après nuit elle impose sa présence

Bercé par les vagues je regarde une étoile
Le soleil décline, yeux levés vers le ciel
Je crois rêver encore à ces grèves si belles
Où aimé, j'ai aimé, sans retenue, sans voile.

La mémoire de ma vie renvoie ses reflets
Qui meurent en l'instant au mauvais vent soufflés
J'entends des rires mais ce ne sont que des bruits

Est-ce un nouvel appel qui pénètre et m'oppresse
Par une envie d'aimer plus forte que jeunesse ?
Les traces de mes pas se perdent dans la nuit.

****

Requête post mortem

Quand je serai réduit à être un corps inerte
Où cendre dans un pot que n'aurai pas choisi
J'en connais qui diront :" Ce n'est pas une perte"
Ou prétendront souffrir d'une forte amnésie

D'autres profiteront de l'occasion offerte
Pour laisser libre cours à leur hypocrisie
En jolis mots loueront et de façon diserte
Sans conviction mon talent et ma fantaisie

Pour certains, mes vers, seront une découverte
Qui pourra leur laisser goût du « revenez-y »
Et de leur bel esprit, la porte grande ouverte
Pour susciter l'envie ou bien la jalousie

J'en sais quelques uns au cerveau peu alerte
En pleine léthargie presque en anesthésie
Dont le cours de pensée n'a aucune desserte
Qui resteront heureux en lointaine aphasie

Post-mortem satisfaire à tous les réquisits
De ceux qui auront dit :" Ce n'est pas une perte"
C'est ce que je ferai sans autre dysphasie
Quand je serai réduit à être un corps inerte

L'année à rebours

Les sapins s'allument
Les enfants éclairent
De leur joie la fête de Noël.
A l'an neuf de coutume
Nous lèverons nos verres
En le souhaitant bel
Heureux et prospère.

Des petits riens, un rêve
Une envie d'être heureux
Saint Valentin sonne la trêve
Pour célébrer les amoureux.

Le printemps qui vient, s'immisce
Mimosa primeur et amaryllis
Partout les fleurs jaillissent
Dans la ville les rues bruissent
Fête du travail et armistice
De l'été on sent les prémices.

Le ciel éclabousse de couleurs
Musique, musette, bals de Juillet
Allez, viens mon cœur
Sous les étoiles allons danser
Et afficher notre bonheur
En rouge, blanc et bleu bleuet.

Champignons et châtaignes
Tapis sous des feuilles mortes
La forêt couleur de feu, saigne
C'est l'automne qui force sa porte.

Aux souvenirs que vent emporte
Les cimetières s'animent
Les chrysanthèmes et les vivants
Petits ou grands, magnanimes
Mugit novembre, noircit le temps.

Et puis décembre est revenu
Poser des guirlandes à nos fenêtres
Toute une année est passée, avenue
Demain est là, il offre des « peut-être ».

****

Vers gris

Silhouette calcinée des arbres
Au fil des jours, décomposée
Le cœur et le corps endoloris
Aux angoisses qui me terrassent
A m'en sentir crucifié
J'ai épuisé toute ma rage
Au gré de rêves délibérés
Peuplés de somnolence
Et d'arabesques brisées.

5/7/5 rendez vous suite mineure

J'ouvre les rideaux
Entends chanter le jardin
Car Il pleut, c'est vrai

Loin comme en écho
J'entends un triste refrain
Je le reconnais

Dans le jour nouveau
Je suis l'ombre du destin
Sans savoir, je vais

Surpris en défaut
Je rate le dernier train
Présent imparfait !

Au sens de l'ego
J'ajoute, mais c'est en vain
Mon vice défait

Quel est ce complot
Diabolisant les saints
Mon esprit surfait ?

Mirage du beau
J'ai effacé mes desseins
Trop tard, désormais

Pensées en morceaux
Vers enfuis, je me plains
Mais le vent se tait.../

...\ Dans ce caniveau
Où j'ai trempé les deux mains
L'eau sentait mauvais

Quelques mots de trop
Du sablier à temps plein
Le sable coulait

J'aspire au repos
A fuir les regards malsains
Le jour déclinait

Souffle d'un vent chaud
Claque porte et feu éteint
Sang froid mais sans paix

L'air, le feu et l'eau
Que j'ajoute à mon destin
Plus rien ne manquait

D'absence au galop
Je suis revenu demain
Au plus que parfait

L'azur fait défaut
Le nuage a du chagrin
C'est vrai il pleuvait.

****

Ainsi rêvait...

Depuis très longtemps,depuis toujours
Mon âme en quête d'une harmonie
A cherché des notes nuit et jour
Pour obliger mon maigre génie

Aux sciences et à la liberté
Pensant devenir célébrité
Je rêvais d'être le Zorro-astre

Humble pesanteur, humble vassal
Qui sur la toile ou sur le métal
Allait en marche loin vers les astres

J'empruntais la route des étoiles
Et semais à tous les vents les grains
Des pensées de mon esprit chagrin
Dans la poésie je les dévoile.

****

Ultime escale, impair

Quand je ne serai plus qu'un embrun
J'irai me perdre dans les parfums
Qui flotteront à ma dernière heure

Je n'aurai pour ultime demeure
Qu'un firmament d'étoiles fardé
Plus de cent mille fois regardé

Je retournerai poussière, sable
Océan, profondeur insondable
Et retrouverai la plénitude

Ignorant toutes les solitudes
Je me délecterai du silence
De mon exil avec élégance

Les vents me feront bien dériver
Avant d'atteindre mon horizon
Je laisserai ma belle saison
L'ancre de ma vie sera levée

A Chaville, Juin 2021

Printed by Books on Demand GmbH, Norderstedt / Germany